Sreya Mukhopadhyay

O estudo do cancro: Uma viagem semelhante entre os seres humanos e as moscas da fruta

Sreya Mukhopadhyay

O estudo do cancro: Uma viagem semelhante entre os seres humanos e as moscas da fruta

ScienciaScripts

Imprint

Cover image: www.ingimage.com

This book is a translation from the original published under ISBN 978-620-2-00908-9.

Publisher:
Sciencia Scripts
is a trademark of
Dodo Books Indian Ocean Ltd. and OmniScriptum S.R.L publishing group

120 High Road, East Finchley, London, N2 9ED, United Kingdom
Str. Armeneasca 28/1, office 1, Chisinau MD-2012, Republic of Moldova, Europe
Printed at: see last page
ISBN: 978-620-7-72111-5

ÍNDICE DE CONTEÚDOS

RESUMO

A sinalização Hippo surgiu como uma nova via supressora de tumores que desempenha um papel importante na regulação do tamanho dos tecidos e órgãos durante o desenvolvimento. A via Hippo consiste numa cascata de cinase central em que Hpo fosforila a proteína cinase Warts. A Wts activada vai então fosforilar e inativar o coactivador de transcrição Yorkie (Yki). A Wts promove a associação do Yki com as proteínas 14-3-3, o que ajuda a fixar o Yki no citoplasma e a impedir o seu transporte para o núcleo.

Foi demonstrado que o Homothorax - um fator de transcrição homeodomínio - em conjunto com o Yki regula o micro RNA *bantam,* um regulador positivo do crescimento.

Trabalhos de vários laboratórios mostraram que a regulação negativa do Homothorax reduziu o crescimento das células epiteliais nos discos oculares. Aqui, tentámos caraterizar os efeitos do knockdown do Homothorax nas células gliais e os seus efeitos no crescimento e desenvolvimento do SNC em várias fases do desenvolvimento *da Drosophila.*

Trabalhos anteriores do nosso laboratório mostraram que o knock down específico da glia do *Homothorax* não reduz o número de células gliais. No entanto, no presente trabalho, observamos que as larvas mutantes apresentaram um fenótipo de SNC em forma de cunha com lobos ópticos alargados. Além disso, também estudámos o efeito de Hth RNAi em embriões. Para além disso, também notámos que as pupas mutantes Hth RNAi nunca se tornaram adultas.

Além disso, tanto para confirmar a especificidade do RNAi como para excluir os efeitos fora do alvo do RNAi, realizámos experiências de recuperação utilizando o homólogo de mamífero do Homothorax, ou seja, UAS Myc Meis. A expressão específica da glia de UAS Myc Meis salvou completamente o fenótipo Hth RNAi para o normal. Esta experiência permitiu-nos estudar a conservação funcional do Homotórax.

Além disso, seria muito interessante estudar e caraterizar estes fenótipos tanto a nível celular como molecular.

Palavras-chave: Sinalização Hippo, Homotórax, *Drosophila*, Sistema nervoso central

1. INTRODUÇÃO
CÂNCER

O cancro é uma doença causada por uma divisão descontrolada de células anormais numa parte do corpo. Também pode ser designado como um crescimento maligno ou tumor resultante de uma divisão descontrolada das células. As células normais têm a capacidade de se reproduzir corretamente, de parar de se reproduzir quando necessário, de permanecer num local específico, de se especializarem para funções específicas e de se autodestruírem quando necessário, ao passo que o cancro resulta do desenvolvimento de propriedades anormais nas células normais que lhes permitem crescer excessivamente e espalhar-se para outros locais. Este desenvolvimento anormal pode ser causado por mutações que ocorrem devido a factores como produtos químicos, radiação, luz ultravioleta e erros de replicação dos cromossomas.

As células cancerígenas adquirem a capacidade de se reproduzirem de forma incontrolável. Estas células perdem a capacidade de comunicar com outras células através de sinais químicos. Perdem as moléculas de adesão que as mantêm ligadas às células vizinhas.

Existem dois tipos de tumores: os benignos, que são tumores não cancerosos, e os malignos, que são tumores cancerosos. O cancro, também designado por tumor maligno, provoca um crescimento anormal das células e tem a capacidade de se espalhar por todo o corpo. Constituem um subconjunto das neoplasias. Uma neoplasia ou tumor é um grupo de células que sofreram um crescimento desregulado e que, frequentemente, formam uma massa ou um nódulo, mas podem distribuir-se de forma difusa. Existem mais de 100 cancros diferentes conhecidos que afectam os seres humanos.

São muitos os factores que provocam o cancro, incluindo o tabaco, a obesidade, certas infecções, as radiações ionizantes, etc. Estes factores actuam, pelo menos em parte, através da alteração dos genes de uma célula. Normalmente, são necessárias muitas alterações genéticas para que o cancro se desenvolva. Cerca de 5 a 10% dos cancros são devidos a defeitos genéticos herdados dos pais.

O cancro é frequentemente tratado com uma combinação de radioterapia, cirurgia, quimioterapia e terapia dirigida. A probabilidade de sobrevivência depende do tipo de cancro e da extensão da doença no início do tratamento. Atualmente, ocorrem cerca de um milhão de novos casos de cancro em todo o mundo. Causou cerca de 8,2 milhões de mortes ou 14,6% de todas as mortes humanas. Os tipos de cancro mais comuns nos homens são o cancro do pulmão, o cancro da próstata, o cancro colorrectal e o cancro do estômago e, nas mulheres, os tipos mais comuns são o cancro da mama, o cancro colorrectal, o cancro do pulmão e o cancro do colo do útero.

O risco de cancro aumenta significativamente com a idade e muitos cancros ocorrem mais frequentemente nos países desenvolvidos.

O cancro é difícil de tratar porque quando as células cancerosas são removidas por cirurgia ou com químicos tóxicos ou radiação, é difícil erradicar todas as células. Mesmo que restem poucas células cancerígenas, estas proliferam e voltam a produzir o crescimento das células cancerígenas. O crescimento anormal das células não pode ser controlado nas células cancerosas. (Ref: chealth.canoe.ca)

As seis características do cancro que foram propostas são designadas por **Hallmarks of Cancer:**

a. autossuficiência na sinalização do crescimento
b. insensibilidade ao sinal anti-crescimento
c. evasão da apoptose
d. permitir um potencial replicativo ilimitado
e. indução e manutenção da angiogénese
f. ativação de metástases e invasão de tecidos

Metástases:

O cancro pode espalhar-se a partir do seu local original por disseminação local, disseminação linfática para os gânglios linfáticos regionais ou por via sanguínea para locais distantes, o que é conhecido como metástases. Quando o cancro se propaga por via hematogénica, geralmente espalha-se por todo o corpo. Os sintomas dos cancros metastáticos dependem da localização do tumor e podem incluir gânglios linfáticos aumentados que podem ser sentidos ou, por vezes, vistos sob a pele e que são tipicamente duros, fígado aumentado ou baço aumentado. (Liotta, L. A., et al. (1991)

A GENÉTICA DO CANCRO:

O cancro é uma doença que se caracteriza por uma falha na regulação do crescimento dos tecidos. Os genes são alterados para que uma célula normal se transforme numa célula cancerígena.

Os genes afectados dividem-se em duas grandes categorias.

a. Os oncogenes são genes que promovem o crescimento e a proliferação celular.
b. Os genes supressores de tumores são genes que inibem a divisão e a sobrevivência das células.

A transformação maligna pode ocorrer através da formação de novos oncogenes, da sobre-expressão inadequada de oncogenes normais ou da sub-expressão de genes supressores de tumores. Basicamente, são necessárias alterações em muitos genes para transformar uma célula normal numa célula cancerígena.

As alterações genéticas podem ocorrer a diferentes níveis e por diferentes mecanismos. O ganho ou a perda de um cromossoma inteiro pode ocorrer através de erros na mitose. Mais comuns são as mutações, que são alterações na sequência de nucleótidos do ADN genómico. As mutações em grande escala envolvem a eliminação ou o ganho de uma porção de um cromossoma. A amplificação genómica ocorre quando uma célula ganha muitas cópias de um pequeno locus cromossómico, normalmente contendo um ou mais oncogenes e material genético adjacente. A translocação ocorre quando duas regiões cromossómicas separadas se fundem de forma anormal, muitas vezes numa localização caraterística.

As mutações em pequena escala incluem mutações pontuais, deleções e inserções, que podem ocorrer na região promotora de um gene e afetar a sua expressão, ou podem ocorrer na sequência codificadora do gene e alterar a função ou a estabilidade do seu produto proteico. A perturbação de um único gene pode também resultar da integração de material genómico de um vírus de ADN ou de um retrovírus, levando à expressão de oncogenes virais na célula afetada e nos seus descendentes.

Os erros que causam o cancro são auto-amplificadores e compostos, por exemplo:

- Uma mutação na maquinaria de correção de erros de uma célula pode fazer com que essa célula e a sua descendência acumulem erros mais rapidamente.

- Uma mutação adicional num oncogene pode fazer com que a célula se reproduza mais rapidamente e com mais frequência do que as suas contrapartes normais.
- Uma mutação adicional pode causar a perda de um gene supressor de tumor, interrompendo a via de sinalização da apoptose e resultando na imortalidade da célula.
- Uma mutação adicional na maquinaria de sinalização da célula pode enviar sinais causadores de erro para células próximas. (Bishop, J. M. (1987)

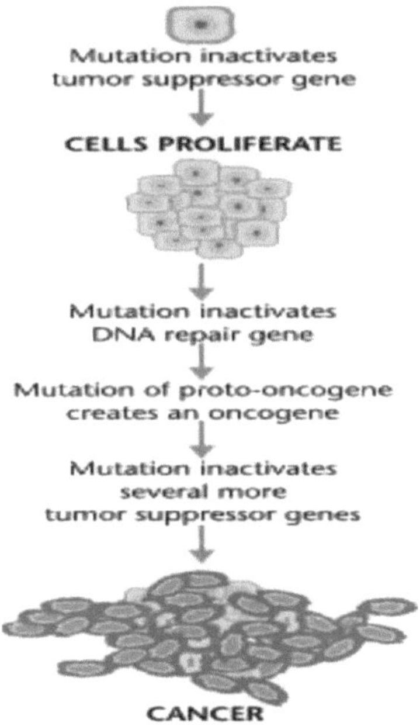

Fig 1: Etapas do desenvolvimento das células cancerosas

2. *CARACTERÍSTICAS DO CANCRO*

Hanahan *et.al. analisou* recentemente décadas de literatura relativa à investigação sobre o cancro e formulou a hipótese de que uma célula normal, para se tornar cancerosa, tem de preencher ou adquirir seis características essenciais que são designadas por **Hallmarks of Cancer** (Fig. 2).

As seis características do cancro, que são distintas e têm capacidades complementares, permitem o crescimento do tumor e a disseminação metastática; continuam a fornecer uma base sólida para a compreensão da biologia do cancro.

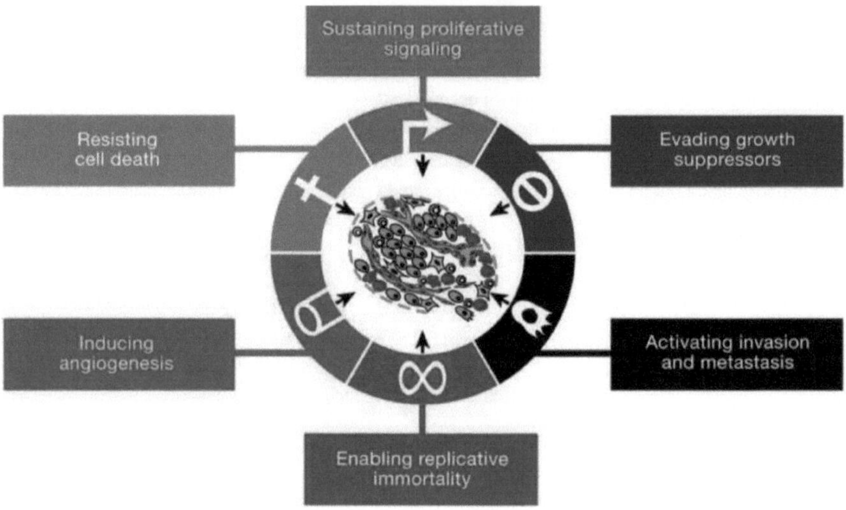

Fig 2: Seis características do cancro

Sustentar a sinalização proliferativa:

As características mais fundamentais das células cancerosas envolvem a sua capacidade de manter uma proliferação crónica. Os tecidos normais controlam cuidadosamente a produção e a libertação de sinais promotores de crescimento que instruem a entrada e a progressão no ciclo de crescimento e divisão celular, assegurando assim uma homeostase do número de células e, consequentemente, a manutenção da arquitetura e da função normais dos tecidos.

As células cancerosas desregulam estes sinais. Os sinais facilitadores são transmitidos, em grande parte, por factores de crescimento que se ligam a receptores de superfície celular, contendo domínios intracelulares de tirosina quinase. Estes últimos emitem sinais através de vias de sinalização intracelulares ramificadas que regulam a progressão no ciclo celular, bem como o crescimento celular. Muitas vezes, estes sinais influenciam ainda outras propriedades biológicas das células, como a sobrevivência celular e o metabolismo energético.

As células cancerosas podem adquirir a capacidade de manter a sinalização proliferativa de várias formas alternativas:

Podem produzir elas próprias ligandos de factores de crescimento, aos quais podem responder através da expressão de receptores cognatos, resultando numa estimulação proliferativa autócrina. Em alternativa, as células cancerígenas podem enviar sinais para estimular as células normais no estroma associado ao tumor, que retribuem fornecendo às células cancerígenas vários factores de crescimento.

Evitar os supressores de crescimento:

Para além da capacidade de induzir e manter sinais positivos de estimulação do crescimento, as células cancerosas têm também de contornar programas poderosos que regulam negativamente a proliferação celular; muitos destes programas dependem da ação de genes supressores de tumores.

Muitos dos supressores tumorais que funcionam de várias formas para limitar o crescimento e a proliferação celular foram descobertos através da sua inativação caraterística numa ou noutra forma de cancro animal ou humano; muitos destes genes foram validados como supressores tumorais genuínos através de experiências de ganho ou perda de função em ratos.

Os dois supressores tumorais prototípicos codificam as proteínas RB e TP53; funcionam como nós de controlo central no âmbito de dois circuitos reguladores celulares complementares fundamentais que regem as decisões das células de proliferar ou, em alternativa, ativar programas de senescência e apoptose.

Um dos mecanismos envolve o produto do gene NF2, há muito implicado como supressor de tumores porque a sua perda desencadeia uma forma de neurofibromatose humana. Merlin, o produto citoplasmático do gene NF2, produz inibição de contacto através do acoplamento de moléculas de adesão da superfície celular a receptores transmembranares de tirosina quinases.

A Merlin reforça a adesividade das ligações célula-célula mediadas pela caderina. Além disso, ao sequestrar os receptores de factores de crescimento, a Merlin limita a sua capacidade de emitir eficientemente sinais mitogénicos.

Resistir à morte celular:

O conceito de que a morte celular programada por apoptose serve de barreira natural ao desenvolvimento do cancro tem sido estudado. A elucidação da via de sinalização do programa apoptótico revelou como a apoptose é desencadeada em resposta a várias pressões fisiológicas que as células cancerígenas sofrem durante o curso da tumorigénese ou como resultado da terapia anticancerígena.

As tensões que induzem a apoptose são desequilíbrios de sinalização resultantes de níveis elevados de sinalização de oncogene e danos no ADN associados à hiperproliferação. Outras investigações revelaram como a apoptose é atenuada nos tumores que conseguem progredir para estados de malignidade de alto grau e resistência à terapia.

O "gatilho apoptótico" que transmite sinais entre os reguladores e os efectores é controlado pelo contrabalanço entre os membros pró- e anti-apoptóticos da família de proteínas reguladoras Bcl-2. Embora as condições celulares que desencadeiam a apoptose ainda não tenham sido totalmente enumeradas, foram identificados vários sensores de anomalias que desempenham papéis fundamentais no desenvolvimento de tumores.

Possibilitando a imortalidade replicativa:

Anteriormente, era amplamente aceite que as células cancerosas necessitavam de um potencial replicativo ilimitado para gerar tumores macroscópicos. Esta capacidade contrasta com o comportamento das células da maioria das linhagens celulares normais do organismo, que apenas conseguem passar por um número limitado de ciclos sucessivos de crescimento e divisão celular.

Esta limitação tem sido associada a duas barreiras distintas à proliferação: a senescência, uma entrada tipicamente irreversível num estado não proliferativo mas viável, e a crise, que envolve a morte celular. Assim, quando as células são propagadas em cultura, os ciclos repetidos de divisão celular conduzem primeiro à indução da senescência e depois, para as células que conseguem contornar esta barreira, a uma fase de crise, na qual a grande maioria das células da população morre.

Em raras ocasiões, as células emergem de uma população em crise e exibem um potencial replicativo ilimitado. Esta transição foi denominada imortalização, uma caraterística que a maioria das linhas celulares estabelecidas possui em virtude da sua capacidade de proliferar em cultura sem evidência de senescência ou crise.

Induzir a angiogénese:

Tal como os tecidos normais, os tumores necessitam de se sustentar sob a forma de nutrientes e de oxigénio, bem como de uma capacidade de evacuar os resíduos metabólicos e o dióxido de carbono. A neovasculatura associada ao tumor, gerada pelo processo de angiogénese, responde a estas necessidades.

Durante a embriogénese, o desenvolvimento da vasculatura envolve o nascimento de novas células endoteliais e a sua reunião em tubos (vasculogénese), para além do surgimento (angiogénese) de novos vasos a partir dos já existentes. Após esta morfogénese, a vasculatura normal torna-se em grande parte quiescente.

No adulto, no âmbito de processos fisiológicos como a cicatrização de feridas e o ciclo reprodutivo feminino, a angiogénese é activada, mas apenas de forma transitória. Em contraste, durante a progressão dos tumores, um "interrutor angiogénico" é quase sempre ativado e permanece ligado, fazendo com que a vasculatura normalmente quiescente faça brotar continuamente novos vasos que ajudam a sustentar os crescimentos neoplásicos em expansão. Um conjunto de provas convincentes indica que o interrutor angiogénico é regido por factores de compensação que induzem ou se opõem a alguns destes reguladores angiogénicos, que são proteínas de sinalização que se ligam a receptores de superfície celular estimulantes ou inibitórios exibidos pelas células endoteliais vasculares.

Os protótipos bem conhecidos de indutores e inibidores da angiogénese são o fator de crescimento endotelial vascular-A (VEGF-A) e a trombospondina-1 (TSP-1), respetivamente.

Ativação da invasão e das metástases:

Anteriormente, era evidente que, à medida que os carcinomas provenientes de tecidos epiteliais progrediam para graus patológicos mais elevados de malignidade, reflectidos na invasão local e nas metástases à distância, as células cancerígenas associadas desenvolviam tipicamente alterações na sua forma, bem como na sua ligação a outras células e à matriz extracelular (ECM).

A alteração mais bem caracterizada envolveu a perda, pelas células do carcinoma, da E-caderina, uma molécula chave de adesão célula a célula. Ao formar junções aderentes com as células epiteliais adjacentes, a E-caderina ajuda a formar camadas de células epiteliais e a manter a quiescência das células dentro dessas camadas.

O aumento da expressão da E-caderina foi bem estabelecido como um antagonista da invasão e da metástase, ao passo que a redução da sua expressão era conhecida por potenciar estes fenótipos. A regulação negativa frequentemente observada e a inativação mutacional ocasional da E-caderina em carcinomas humanos forneceram um forte apoio ao seu papel como supressor chave desta capacidade caraterística.

O processo de invasão e metástase tem sido esquematizado como uma sequência de passos discretos, frequentemente designados por cascata invasão-metástase. Esta descrição fornece uma progressão de alterações biológicas celulares, começando com

Local invasion

↓

intravasation by cancer cells into nearby blood and lymphatic vessels

↓

transit of cancer cells through the lymphatic and haematogenous systems

↓

Escape of cancer cells from the lumina of such vessels into the parenchyma of distant tissues

↓

the formation of small nodules of cancer cells

↓

Growth of micro metastatic lesions into macroscopic tumours (colonization)

(Hanahan, D. e R. A. Weinberg (2000))

3. *SINALIZAÇÃO HIPOPÓTAMO*

A sinalização Hippo é uma via supressora de tumores relativamente nova que desempenha um papel importante na regulação do tamanho dos tecidos e dos órgãos durante o desenvolvimento. As mutações nesta via foram descobertas pela primeira vez em *Drosophila melanogaster*, que demonstraram consistentemente que a sinalização disfuncional da via Hippo conduz a um crescimento excessivo dos tecidos. A desregulação da sinalização Hippo conduz a uma combinação simultânea de proliferação celular descontrolada e inibição da apoptose, que são as duas principais características do desenvolvimento do cancro. A natureza molecular desta via foi descoberta pela primeira vez em *Drosophila melanogaster*, através de exames genéticos para identificar reguladores do crescimento e da divisão celular. A via é fortemente conservada nos seres humanos, o que faz da *Drosophila* um sistema modelo adequado e eficiente para compreender melhor a natureza molecular desta via.

A via Hippo consiste numa cascata de cinase central em que a Hpo fosforila a proteína cinase Warts. Este grupo altamente conservado de serina-treonina-quinases regula vários processos celulares, que incluem a proliferação celular, a apoptose e várias respostas ao stress. Quando fosforilada, a Wts torna-se ativa.

A Wts é uma quinase nuclear relacionada com o DBF-2. Estas são as cinases que são conhecidas como reguladoras da progressão do ciclo celular, do crescimento e do desenvolvimento. Duas das proteínas são conhecidas por continuarem com a ativação de Wts-Salvador e Mob como supressor de tumores. A Hpo pode ligar-se e fosforilar a Sav, que funciona como uma proteína de suporte porque esta interação Hpo-Sav promove a fosforilação de Wts. Hpo também pode fosforilar e ativar Mats, o que permite que Mats se associe e reforce a atividade cinase de Wts **(Fig. 3)**

Os Wts activados vão então fosforilar e inativar o coactivador transcricional Yorkie (Yki). Devido à fosforilação de Yki na serina 168, Wts promove a associação de Yki com as proteínas 143-3, o que ajuda a ancorar Yki no citoplasma e a impedir o seu transporte para o núcleo. A Yki é o efector mais a jusante da via e é um coactivador da transcrição. Como coactivador da transcrição, a Yki não se liga diretamente ao ADN e, em conjunto com vários factores de transcrição de ligação ao ADN, ativa vários genes a jusante envolvidos na proliferação e sobrevivência celular. (Zhao, B., et al. (2011).

Também foi demonstrado que Yki pode regular genes alvo em conjunto com Homothorax (Hth) e Teashirt (Tsh), que são dois factores de transcrição de ligação ao ADN que são expressos nas células progenitoras não comprometidas do disco imaginal do olho *de Drosophila.* Foi também detectado que o Hth-Yki se liga a uma sequência de ADN que se encontra 14Kb a montante do bantam hairpin nas células do disco imaginal do olho. No disco ocular, Hth e Tsh fornecem informação espacial a esta via, promovendo a proliferação e sobrevivência das células no domínio progenitor.

No estado ativo, Yki liga-se ao fator de transcrição Scalloped, e o complexo Yki-Sd localiza-se no núcleo. Isso permite a expressão de vários genes que promovem o crescimento do órgão, como *a ciclina E,* que promove a progressão do ciclo celular, e *diapl* (Drosophila inhibitor of apopotosis protein-1), e previne a apoptose. Yki também se liga a **Mad** e ativa a expressão do microRNA *bantam*, que é um regulador positivo do crescimento que afecta especificamente a sobrevivência celular. Assim, a inativação de Yki por Wts inibe o crescimento através da repressão transcricional destes reguladores pró-crescimento. (Goulev, Y., et al. (2008).

O trabalho de vários laboratórios levou à identificação de múltiplos reguladores a montante da via. Estes reguladores a montante incluem um grande número de proteínas atípicas da família das caderinas-Fat e Dachsous; proteínas do domínio FERM-Expanded e Merlin; proteínas do domínio LIM-Zyxin e Ajuba; proteínas de adesão celular como-Echinoid e Crumbs; citoesqueleto de actina e stress mecânico**. (Fig. 3)**

Análises clonais demonstraram que Hth e Tsh promovem a proliferação celular e protegem as células progenitoras do olho da apoptose. Hth e Teashirt também regulam o micro RNA bantam. (Thompson, B. J. e S. M. Cohen (2006).

Quando se sabe que a gordura se liga a outra caderina atípica, a Dachsous, durante a modelação dos tecidos, não é claro qual o papel da Ds na regulação do crescimento dos tecidos quando a gordura é reconhecida como um regulador a montante da via Hpo. Fat ativa Hpo através da proteína apical Expanded. Ex interage com duas outras proteínas localizadas apicalmente, Kibra e Merlin, para formar o complexo Kibra-Ex-Mer (KEM).

Tanto a Ex como a Mer são proteínas que contêm o domínio FERM, enquanto a Kibra, tal como a Sav, é uma proteína que contém o domínio WW. O complexo KEM interage fisicamente com a cascata de cinase Hpo e ajuda a localizar a cascata de cinase central na membrana plasmática para ativação. Por vezes, a gordura também regula Wts independentemente de Ex/Hpo, através da inibição da miosina não convencional Dachs. Normalmente, a Dachs pode ligar-se e promover a degradação da Wts. (Badouel, C., et al. (2009).

A tecnologia foi desenvolvida através do estudo da cassete de cinase central da via Hippo e de diferentes reguladores a montante e a jusante que afectam esta via.

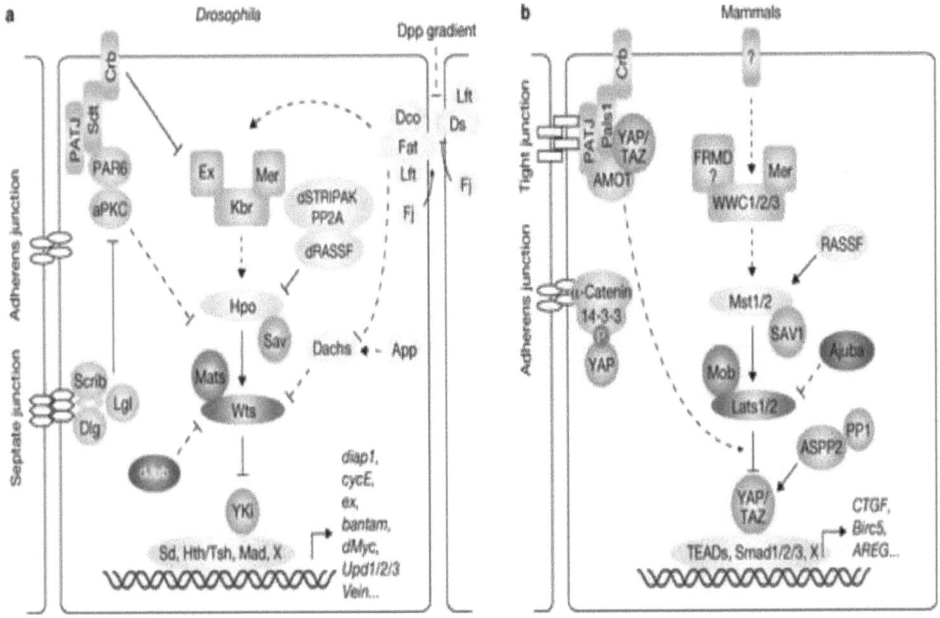

Fig. 3: Desenho animado que mostra a via Hippo e os seus componentes.
A) Via Hipopótamo da Drosófila B) Via Hipopótamo dos Mamíferos

4. HOMOTORAX

Homothorax (hth) são proteínas homeobox. Os genes homeobox são uma grande família de genes semelhantes que dirigem a formação de muitas estruturas corporais durante o desenvolvimento embrionário inicial. Nos seres humanos, a família de genes homeobox contém aproximadamente 235 genes funcionais e 65 pseudo genes. Os genes homeobox estão presentes em todos os cromossomas humanos e aparecem frequentemente em grupos.

São necessários para os genes *Hox modelarem* o corpo da mosca da fruta *(Drosophila melanogaster). hth* é necessário para a localização nuclear de um cofator HOX essencial, Extradenticle (EXD), e codifica uma proteína de homeodomínio que partilha uma grande semelhança com o produto de *Meisl,* que é um proto-oncogene murino. *MEIS1* é capaz de salvar fenótipos mutantes *hth* e pode induzir a translocação citoplasmática para nuclear de EXD em cultura celular e embriões de Drosophila. Assim, *Meis1* é um homólogo murino de *hth.* MEIS1/HTH também se liga especificamente a EXD com alta afinidade in vitro.

O Homotórax (HTH) e o Extradentículo (EXD) de Drosophila são duas homeoproteínas necessárias numa série de processos de desenvolvimento. As proteínas Hox desempenham papéis cruciais no desenvolvimento animal. Contêm um domínio conservado de ligação ao ADN, o homeodomínio (HD), e actuam como reguladores da transcrição. Os genes Hox determinam a identidade dos segmentos corporais em Drosophila. As mutações dos genes Hox podem alterar o destino do desenvolvimento de um segmento para o de outro segmento.

Os genes homeóticos determinam a identidade dos segmentos do corpo no eixo anterior-posterior em Drosophila. No entanto, estudos de ligação in vitro revelaram que a maioria das proteínas Homeobox (HOX) se ligam a sequências muito semelhantes com afinidades semelhantes.

Assim, foi proposto que as proteínas HOX requerem a cooperação de proteínas cofactoras para aumentar a sua especificidade de ligação ao ADN. A transcrição dos genes Hox é regulada pelos grupos de proteínas Polycomb e Trithorax. As actividades de algumas proteínas HOX são conseguidas através de um mecanismo pelo qual algumas proteínas HOX suprimem outras. (Pai, C.-Y., et al. (1998).

A especificidade de ligação ao ADN da proteína Hox pode ser regulada pela interação com outras proteínas de homeodomínio, especificamente as homólogas de vertebrados Extradenticle e Exd, conhecidas como proteínas Pbx, que interagem fisicamente com os genes Hox em promotores específicos. Uma implicação importante desta investigação é que a atividade da via Hippo pode evidentemente ser regulada através da modulação da disponibilidade de parceiros de ligação ao ADN para Yorkie.

Todas as isoformas são necessárias para a modelação da cutícula embrionária. Actua com Exd para delimitar o campo ocular e impedir o desenvolvimento inadequado dos olhos. As isoformas que transportam o homeodomínio são necessárias para a localização adequada dos órgãos cordonais no sistema nervoso periférico e para a similaridade antenal, necessária para ativar genes específicos da antena, como o sal, e para reprimir a expressão do dac como uma perna.

Foi demonstrado que as mutações no gene hth alteram a identidade dos neurónios cordonais abdominais, que dependem de Abd-A para o seu desenvolvimento normal. No entanto, estas mutações não alteram a expressão do gene abd-A, o que sugere que o hth pode estar envolvido na modulação da atividade do abd-A. O gene hth é expresso ao longo do desenvolvimento embrionário num padrão espacialmente restrito, que é modulado nos segmentos abdominais por abd-A e Ubx. A distribuição espacial da proteína HTH durante o desenvolvimento embrionário é muito idêntica à distribuição da proteína Extradenticle (EXD), que é um conhecido modulador da atividade dos genes homeóticos.

Foi demonstrado que as mutações que alteram ou eliminam o homeodomínio causam apenas transformações homeóticas parciais no SNP, ao passo que as mutações que afectam o domínio MH causam fenótipos distintos e mais graves no SNP. Também foi demonstrado que as proteínas selectoras Extradenticle e Homothorax controlam a transcrição *de bnl* numa única célula por segmento, a célula-ponte mesodérmica. É necessário para a localização nuclear do cofator essencial de HOX, extradenticle (Exd). (Kurant, E., et al. (1998)
Os mutantes Hth são embrionariamente letais e são defeituosos na involução da cabeça, na segmentação torácica e abdominal e na modelação dos órgãos sensoriais e do sistema nervoso central. Os clones mutantes em moscas adultas causam a transformação da antena em perna, a formação ectópica de olhos na cabeça ventral e um defeito no desenvolvimento dos segmentos proximais da perna. Estes fenótipos clonais adultos são quase idênticos aos de Exd, sugerindo que hth e Exd actuam na mesma via reguladora. O padrão de expressão de hth coincide com o de EXD nuclear. As experiências mostram que hth é necessário e suficiente para induzir a localização nuclear de EXD.

A fim de identificar factores adicionais que contribuem para a especificidade Hox, foram examinadas mutações em Drosophila que afectam o padrão embrionário. Procuraram-se mutações que alterassem o padrão anteroposterior sem afetar a expressão dos genes Hox do tronco.

Devido à longa história da genética do desenvolvimento da Drosophila, esses genes podem ser encontrados simplesmente através do exame de mutantes genéticos previamente caracterizados. O Homothorax é um desses mutantes, e análises posteriores mostraram que se trata de um gene necessário para o transporte nuclear de Exd.

A antena de Drosophila é um apêndice altamente derivado necessário para uma variedade de funções sensoriais, incluindo o olfato e a audição. Foram examinadas as funções específicas dos genes necessários para o desenvolvimento da antena. Os factores nucleares Homothorax, Distal-less e Spineless são necessários para aspectos particulares do destino da antena. A co-expressão de Homothorax, necessária para a localização nuclear do seu parceiro ubiquamente expresso Extradenticle, com Distal-less é necessária para estabelecer o destino da antena. Foi testado quais os genes de modelação da antena que são alvos de Homothorax, Distal-less e/ou Spineless.

A expressão antenal de dachshund, atonal, spalt e cut requer Homothorax e/ou Distal- less, mas não Spineless. Distal-less e Homothorax especificam os destinos da antena através da regulação de múltiplos genes. Dachshund e spalt/spalt-related são essenciais para a formação adequada de articulações entre segmentos antenais específicos. Além disso, as antenas nulas de spalt/spalt-related são defeituosas na audição. Os defeitos de audição estão também associados às doenças humanas Split Hand/Split Foot Malformation e Townes-Brocks Syndrome, que estão ligadas aos homólogos humanos de Distal-less e spalt, respetivamente. Por conseguinte, foi proposto que existem semelhanças genéticas significativas entre os órgãos auditivos dos seres humanos e das moscas.

Alguns estudos identificaram um papel fundamental para as proteínas de homeodomínio Extradenticle (Exd) e Homothorax (Hth) na especificação do destino das fibras musculares em *Drosophila. A Exd* e a *Hth* são expressas nos músculos fibrilares de voo indireto, mas não nos músculos tubulares de salto, e a manipulação da expressão da *Exd* ou da *Hth* converte um tipo de músculo no outro.

Nos músculos de voo, *Exd* e *Hth* estão geneticamente a montante de outro gene de identidade muscular, *salm,* e são reguladores transcricionais directos do gene estrutural caraterístico dos músculos de voo, *Actin88F.* Exd e Hth também têm impacto na identidade muscular noutros músculos somáticos do corpo, cooperando com factores Hox.

O desenvolvimento do olho composto de Drosophila melanogaster fornece um sistema experimental único no qual a diferenciação e a proliferação durante o desenvolvimento podem ser prontamente examinadas.

Em *Drosophila,* foi sugerido que o desenvolvimento do olho composto depende do movimento de um sulco morfogenético da parte posterior para a anterior do disco imaginal do olho. Foram definidos vários subdomínios ao longo do eixo A-P do disco ocular que expressam combinações distintas de factores de transcrição. Um subdomínio anterior ao MF expressava dois genes homeobox, *eyeless (ey)* e *homothorax (hth),* e o gene zinc-finger *teashirt (tsh).* (Rieckhof, G. E., et al. (1997)

Foram apresentadas algumas provas de que estas combinações de factores de transcrição funcionam por vezes como um complexo e desempenham pelo menos dois papéis no desenvolvimento do olho:

a. bloqueia a expressão de factores de transcrição de ação tardia na cascata de desenvolvimento do olho e promove a proliferação celular.
b. Um passo fundamental na transição de um estado proliferativo imaturo para um estado comprometido no desenvolvimento do olho é a repressão de *hth* pelo homólogo BMP-4 Decapentaplegic (Dpp).

Além disso, foi demonstrado que o olho e a antena dos adultos têm origem no primórdio embrionário do olho-antena. Estas células proliferam na fase larvar para formar o disco olho-antena. O olho ou a antena diferem em meados do segundo instar com a expressão restrita de Cut (Ct), que é um repressor transcricional de homeodomínio, no disco da antena e Eyeless (Ey), que é um ativador transcricional Pax6, no disco do olho.

Foi demonstrado que a transcrição de *ey* no disco da antena é reprimida por duas proteínas de homeodomínio, Ct e Homothorax (Hth). Por um lado, a perda de Ct e Hth no disco da antena resultou no desenvolvimento ectópico de olhos na antena. Por outro lado, foi demonstrado que a expressão de Ct e Hth no disco ocular é suprimida pelo fator de transcrição homeodomínio Sine oculis (So), que é um alvo direto de Ey.

Foi demonstrado que, com exceção de minorias de células do sistema nervoso central, que são preservadas em adultos sem proliferação celular, essencialmente todos os tecidos adultos resultam da proliferação extensiva de células imaginárias durante a metamorfose e não de células larvares diferenciadas. *(Sato et al; 2008)* Foram apresentadas algumas evidências de que Hth e Tsh trabalham em conjunto para promover a proliferação e a sobrevivência de células no disco ocular anterior. Experiências de epistasia genética sugerem que Tsh e Hth funcionam através da via de sinalização Hippo para executar estas funções. *(Peng et al; 2009)*

Homotórax no desenvolvimento embrionário *de Drosophila:*

O homotórax é detectado pela primeira vez aproximadamente às 3 horas de embriogénese num amplo domínio na porção central do embrião blastodérmico, de aproximadamente 15% a 85% do comprimento do ovo. Foi demonstrado que, para além da falta de expressão em ambos os pólos, as células mais ventrais dos embriões, correspondentes ao primórdio da mesoderme, permanecem sem coloração.
À medida que a embriogénese avança, o padrão de expressão torna-se muito dinâmico. A expressão é mais forte no tronco e em regiões isoladas da cabeça. A proteína Hth não é detectada antes do início da gastrulação. Durante os estágios 6-8 da gastrulação, a proteína Hth está localizada no citoplasma. Na fase 9 (extensão da banda germinativa), a Hth começa a acumular-se nos núcleos de uma forma espacialmente regulada. A localização nuclear é detectada no ectoderma e em células específicas na porção torácica do VNC e no mesoderma visceral. Kurant, E., et al. (1998). "Dorsotonals/homothorax, o homólogo de Drosophila

de meisl, interage com extradenticle na padronização do PNS embrionário." Development 125(6): 1037-1048.

A partir do estádio 9, os segmentos torácicos apresentam uma coloração mais forte do que os segmentos abdominais, aumentando posteriormente esta diferença. No estádio 14, a expressão no tórax, incluindo o sistema nervoso central, continua a ser forte, mas foi reduzida no abdómen.

No intestino médio, a expressão é mais forte nos primórdios dos cecos gástricos e num domínio central e amplo na endoderme. A expressão está ausente nas regiões mais anteriores e posteriores do endoderma do intestino médio.

No estádio 16, observa-se uma forte expressão nos túbulos de Malphigian; a expressão na endoderme começa posterior à primeira constrição do intestino médio e termina imediatamente anterior à terceira constrição do intestino médio, com um pico de expressão na segunda constrição do intestino médio.

Durante os estágios 15-17, a expressão ectodérmica de hth diminui, enquanto a expressão no SNC torna-se mais proeminente. A expressão de hth no SNC é graduada; ela é alta na porção anterior do VNC e fraca na sua porção posterior.

Yki em conjunto com Hth regula o crescimento de células epiteliais em discos oculares. No entanto, trabalhos anteriores do nosso laboratório mostraram que Hth não tem qualquer papel no crescimento da glia. Nestas experiências, quando Hth foi desregulado utilizando RNAi e a linha Gal4 específica da glia, o número de células gliais não foi afetado. No entanto, a regulação negativa de Hth conduziu a um fenótipo do SNC em forma de cunha.

O objetivo do presente projeto é estudar o papel da Hth no desenvolvimento do SNC *de Drosophila.*

5. *MATERIAIS E MÉTODOS:*

1. **AÇÕES:**

   a. *yw* hs flp; UAS Hth RNAi/Cyo; MKRS/TM6

   b. *w*; UAS Dicer; *repo* Gal4 UASmCD8GFP/TM6

   c. *yw* hs flp; UAS Myc-Meis/Cyo; UAS Hth RNAi/MKRS

2. **CRUZAMENTOS:**

Quando se efectua um cruzamento, geralmente são recolhidas fêmeas virgens de determinados genótipos porque as moscas fêmeas armazenam espermatozóides no seu corpo se já tiverem acasalado. Assim, torna-se difícil prever o genótipo da descendência F1 e efetuar estudos posteriores.

Nesta experiência, estabelecemos o cruzamento entre machos *ywhsflp*; UAS HthRNAi/Cyo; MKRS/TM6 e fêmeas virgens *w;* UAS Dicer; *repoGal4UASCD8GFP/TM6* para obter larvas e embriões de terceiro instar. Neste caso, para a coleção de larvas, a partir do stock ywhsflp; Hth RNAi/Cyo; MKRS/TM6, utilizámos moscas homozigóticas para HthRNAi, a fim de obter uma maior percentagem da descendência desejada.

Assim, para este cruzamento, 20 fêmeas virgens de *w;* UAS Dicer; *repo* Gal4 UASCD8GFP/TM6 e 5 machos de *yw* hs flp; UAS Hth RNAi/Cyo; MKRS/TM6 foram colocados no frasco e cruzados.

Cada frasco continha 10 ml de comida para moscas, que é o requisito básico para as moscas porem ovos na comida.

w;UAS Dicer;*repo*Gal4UASmCD8GFP/TM6 X *yw*hsflp;UASHthRNAi/HthRNAi; MKRS/TM6

⇩

F1 generation (50%)

Também realizámos um cruzamento entre *(yw* hs flp; UASMyc-Meis/Cyo;Hth RNAi/MKRS e *w;*UAS Dicer;*repoGal4UASmCD8GFP/TM6*) para verificar se a reintrodução de Meis (homólogo humano do homotórax) resgata o fenótipo do SNC normal.

3. **COLECÇÃO DO SNC (Sistema Nervoso Central) DO LARVAE:**

a. Foram seleccionadas larvas GFP positivas de terceiro instar do cruzamento (w; UAS dicer; repoGal4MCD8GFP/TM6 X UAS Hth RNAi/UAS Hth RNAi; MKRS/TM6)

b. A larva foi invertida como uma bolsa e depois a parte posterior foi deitada fora, o que não tem interesse para nós, e a parte anterior foi retirada para recolher todo o SNC das larvas.

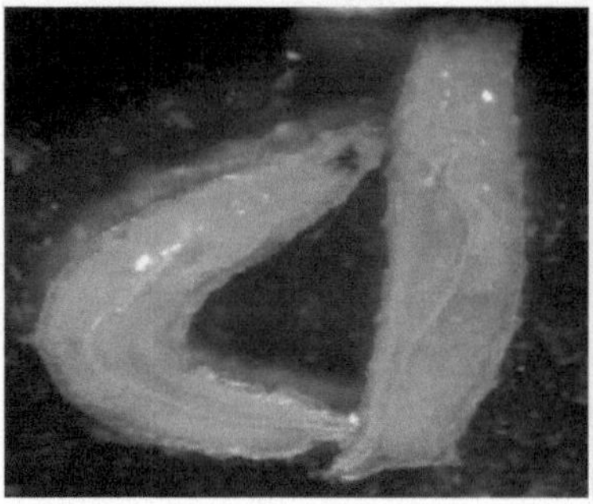

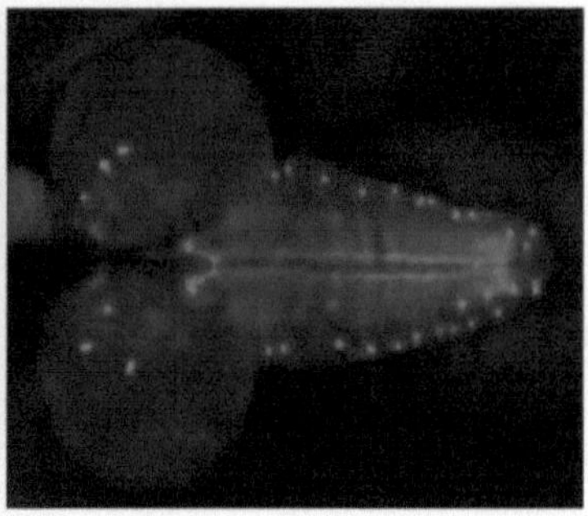

Fig4: Imagem de larvas de terceiro instar obtida em microscópio ótico
Fig5: Larvas de terceiro instar CNS GFP +ve

4. PREPARAÇÃO DE PLACAS PARA A COLHEITA DE EMBRIÕES:

Para a recolha de embriões de drosófila, prepararam-se placas de ágar simples (3% de ágar e placas de 60 mm) e preparou-se também uma pasta de levedura (7 g em 2 ml de dH2O e mantida a 4*C), que foi colocada no meio das placas de ágar. As moscas foram colocadas num frasco e mantidas de cabeça para baixo nas placas e deixadas a pôr ovos.

Fig6:
Câmara de postura de ovos de Drosophila

Em seguida, os embriões foram recolhidos e seguiu-se o protocolo de fixação

5. ESTADIAMENTO DOS EMBRIÕES:

Os embriões foram estagiados tanto para o controlo (w; UAS dicer; repoGal4 UASmCD8 GFP/TM6) como para o cruzamento (w; UAS dicer; repoGal4 UASmCD8 GFP/TM6 X ywhsflp; UAS HthRNAi/UAS HthRNAi; MKRS/TM6). As placas foram mantidas para a postura de ovos e depois retiradas após 5 horas e processadas no dia seguinte, porque o SNC (sistema nervoso central) dos embriões desenvolve-se em 11-12 horas. Este processo foi efectuado para obter uma consistência dos resultados.

6. FIXAÇÃO:

Fixação de embriões:

a. Os embriões foram colhidos de moscas cruzadas em placas de ágar-sumo.

b. Esguichou-se um pouco de água na placa e utilizou-se um pincel para desalojar os embriões do ágar. Os embriões foram suspensos na água.

c. A mistura água/embriões foi vertida para um cesto de recolha de embriões. Colocaram-se pedaços de levedura no cesto dos embriões. Foram efectuadas várias lavagens para recolher todos os embriões.

d. A garrafa de esguicho foi utilizada para enxaguar bem os embriões (no cesto) e também para dissolver eventuais pedaços de levedura no cesto.

e. O cesto foi colocado numa placa de Petri cheia de lixívia 2:1.

f. Os embriões foram transferidos para fixador: heptano (proporção de 1: 1)

g. Os embriões foram fixados durante 20-25 minutos, agitados vigorosamente e colocados num rotador. A camada inferior foi removida e adicionou-se metanol.

h. Os embriões foram transferidos para metanol: heptano e agitados vigorosamente.

i. O tubo foi tapado e agitado em vórtex durante 2' minutos na totalidade. Este passo descorionou os embriões, o que lhes permitiu afundar-se no fundo do metanol. O tubo foi examinado. Havia vários embriões no fundo do tubo e alguns embriões presos na interface metanol: heptano. Os embriões do fundo estão devidamente descorionados - são estes que queremos conservar.

j. O líquido metanol: heptano foi retirado, tendo o cuidado de não remover os embriões do fundo. Este resíduo de metanol: heptano foi colocado no frasco de resíduos "Methanol: Heptane" e foram adicionados 1,6 ml de metanol fresco ao tubo.

k. O tubo foi armazenado no congelador a -20°C.

Fixação larvar:

a. As larvas foram recolhidas do alimento e invertidas como um bolso

b. As larvas invertidas foram fixadas com PFA a 4% e mantidas num rotador durante 20 minutos

c. Foram enxaguadas com solução de ringers (3 vezes)

7. IMUNOMARCAÇÃO:

a. Os embriões/larvas foram primeiro enxaguados e depois lavados com PBST (2 vezes, 20 minutos cada)

b. Em seguida, foram adicionados 400 pL de PBST + 5% de soro aos embriões e mantidos durante 30 minutos num rotador.

c. O anticorpo primário 1* (Repo+Elav) foi colocado no eppendorf com embriões juntamente com 400 pL de PBST e soro e mantido a 4*C durante a noite.

d. Foram novamente lavadas 4 vezes durante 1 hora com PBST e lavadas com PBST e soro durante 30 minutos.

e. Em seguida, foram incubadas com o anticorpo 2* (Cy3+Cy5) e mantidas à temperatura ambiente durante 2 horas.

f. Foram novamente lavadas 4 vezes durante 1 hora com PBST.

g. Foram montados nos diapositivos.

h. As amostras do cruzamento e do controlo foram comparadas.

8. MONTAGEM E IMAGEM CONFOCAL:

O sistema nervoso central das larvas foi finalmente dissecado e montado numa lâmina com a ajuda de um escudo vecta e de pérolas, tendo sido depois obtidas imagens confocais das larvas com diferentes níveis de zoom.

Os embriões foram montados diretamente numa lâmina com glicerol a 90% e foi colocada uma lamela de cobertura, sendo observados ao microscópio confocal.

6. RESULTADOS:

Aqui estudamos o papel de Hth no desenvolvimento do SNC *de Drosophila* usando UAS Hth RNAi e a linha Gal4 específica para glia - *repo* Gal4 mCD8GFP, na qual os corpos celulares gliais são marcados com GFP. Planeámos estudar o efeito em 3 fases diferentes do desenvolvimento da Drosophila, a saber: fase embrionária, fase larvar de terceiro instar e fase adulta.

AVALIAÇÃO DO FENÓTIPO ADULTO:

Os cruzamentos de (*yw* hs flp; UAS Hth RNAi/Cyo; MKRS/TM6) X (*w;* UAS Dicer; *repo* Gal4 UASmCD8GFP/TM6) foram efectuados e mantidos até à emergência das moscas adultas para verificar o seu fenótipo.

Foram controladas todos os dias; nenhuma mosca emergiu da caixa de pupas após 10 dias, pelo que se confirmou a letalidade das pupas.

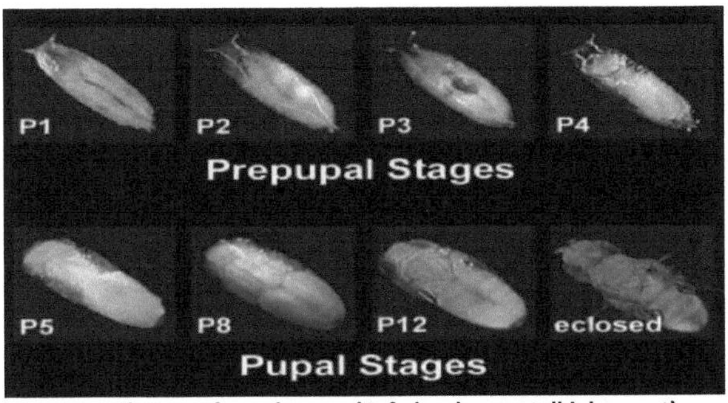

Fig7: Diferentes fases da pupa (Ref: developmentalbiology.net)

AVALIAÇÃO DO FENÓTIPO LARVAR:

Analisámos o desenvolvimento do sistema nervoso central nas larvas após a supressão do *Homotórax ((yw* hs flp; UAS Hth RNAi/Cyo; MKRS/TM6) X (*w;* UAS Dicer; *repo* Gal4 UASmCD8GFP/TM6). Juntamente com estas experiências, também utilizámos larvas de controlo do tipo selvagem com o genótipo: *w*; UAS Dicer; *repo* Gal4 UASmCD8GFP/TM6. Os marcadores utilizados para esta experiência são o *repo*, que é um marcador específico da glia, particularmente utilizado para marcar as células gliais, e o elav, um marcador neuro-específico que marca particularmente os neurónios.

Obtivemos as imagens confocais do sistema nervoso central e dos lóbulos cerebrais de larvas de tipo selvagem de terceiro instar *(w;* UAS Dicer; *repo* Gal4 UASmCD8GFP/TM6). Pudemos ver o fenótipo normal do sistema nervoso central com dois lóbulos cerebrais e um cordão ventral intactos corados com anticorpos

(Primário: repo e Elav) (Secundário: Cy3 e Cy5), como se mostra na figura (8.1a,b,c,d)&(8.2a,b,c,d) respetivamente.

Observámos também as imagens de todo o sistema nervoso central e dos lóbulos cerebrais das moscas mutantes (*yw* hs flp; UAS HthRNAi/Hth RNAi; MKRS/TM6 X *w;* UAS Dicer; *repo* Gal4 UASmCD8GFP/TM6) que conduzem a um fenótipo diferente (em forma de cunha) do sistema nervoso central, ao contrário do sistema nervoso central normal, como se mostra na figura (8.1e,f,g,h)&(8.2e,f,g,h) respetivamente.

Para abordar a especificidade do RNAi, realizámos experiências de salvamento utilizando UAS Myc-Meis de origem humana para verificar se a reintrodução de "Meis", que é um homólogo humano do homotórax, permite recuperar o fenótipo HthRNAi do sistema nervoso central. Verificámos que "Meis" recupera o fenótipo HthRNAi, como se mostra na figura (8.3a, b, c, d). Também observámos os lóbulos do cérebro, como se mostra na figura (8.3e,f,g,h)

Este salvamento sugere que o RNAi é muito específico para Hth e não há efeitos fora do alvo. Por conseguinte, a função Hth/Meis é conservada

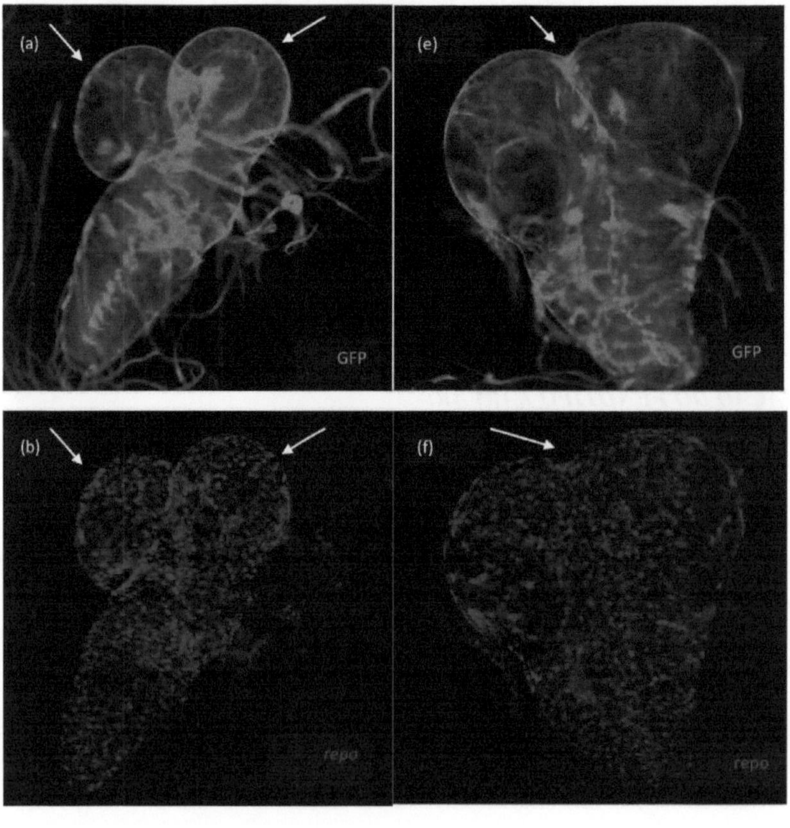

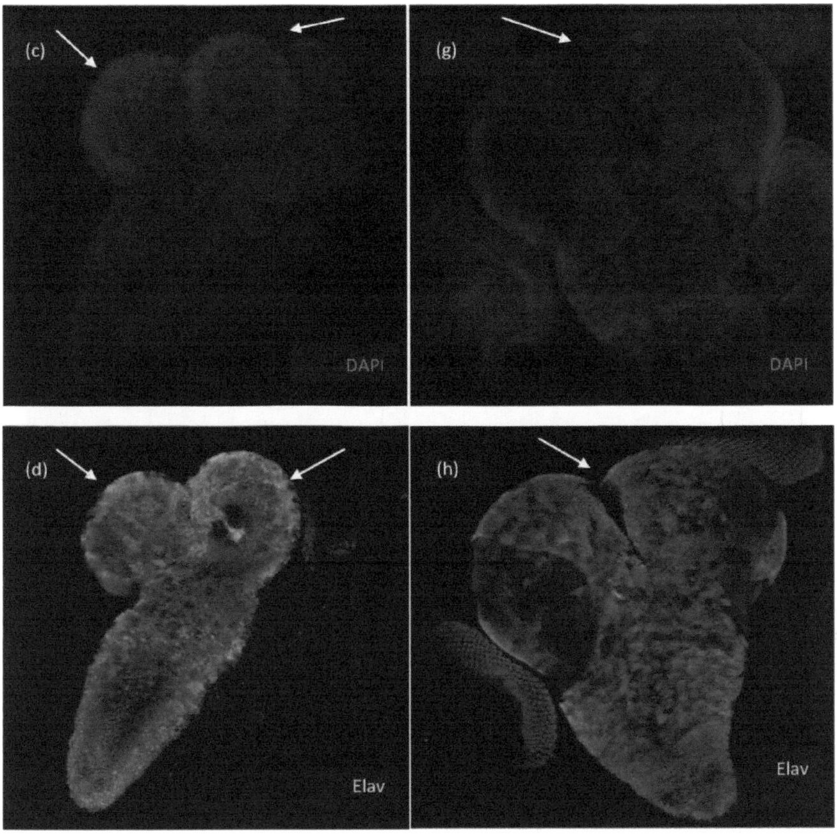

Fig8.1a,b,c,d: Análise imuno-histoquímica do Sistema Nervoso Central das moscas ***w; UASDicer;repoGal4UASm CDGFP/TM6*** larvas de terceiro instar O SNC das moscas I *w*;UASdicer;*repoGal4UASmCDGFP/TM6* foi corado com anticorpo repo e elav e DAPI. A GFP e a *repo* marcam as células gliais e o DAPI cora o núcleo. As setas mostram dois lobos cerebrais separados.

Fig8.1e,f,g,h: Análise imunohistoquímica do Sistema Nervoso Central das moscas ***w;UASdicer;repoGal4UASmCDGFP/TM6 X ywhsflp;HthRNAi/HthRNAi; MKRS/TM6*** O SNC de larvas de terceiro instar das moscas *w*;UASdicer;*repoGal4UASmCDGFP/TM6* X *ywhsflp*;HthRNAi/HthRNAi; MKRS/TM6 foi corado com anticorpo repo e elav e DAPI. A GFP e o *repo* marcam as células gliais e o DAPI cora o núcleo. As setas mostram que os lóbulos cerebrais estão fundidos uns com os outros sem demarcação.

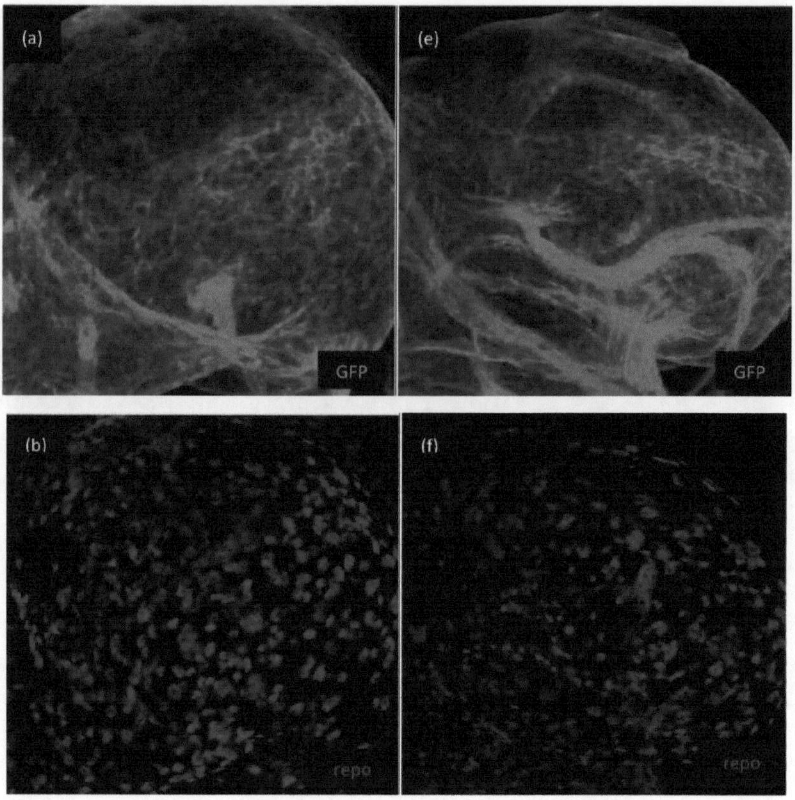
(a)
GFP
(e)
GFP
(b)
repo
(f)
repo

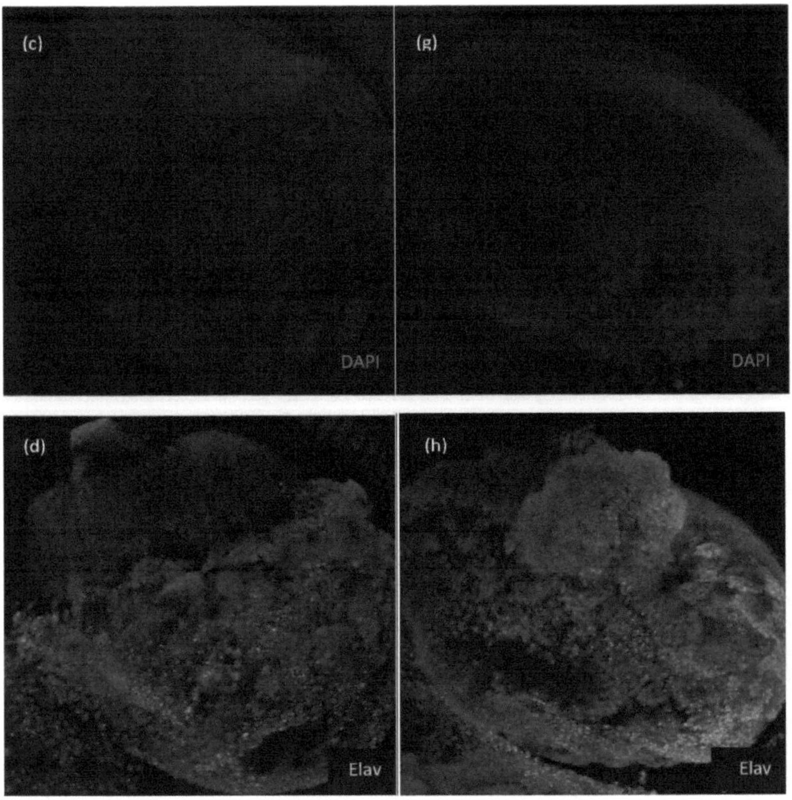

Fig:8.2a,b,c,d: Análise imunohistoquímica de lóbulos cerebrais de moscas *w;* ***UASdicer;repoGal4UASm CDGFP/TM6*** Os lóbulos cerebrais de larvas de terceiro instar de moscas *w;*UASdicer;*repoGal4UASmCDGFP/TM6* foram corados com anticorpos repo e elav e DAPI. A GFP e a *repo* marcam as células gliais e o DAPI cora o núcleo.

Fig:8.2e,f,g,h: Análise imunohistoquímica dos lóbulos cerebrais de w;UASdicer;repoGal4UASmCDGFP/TM6 X ywhsflp;HthRNAi/HthRNAi; MKRS/TM6 Lóbulos cerebrais do SNC de larvas de terceiro instar de *w;*UASdicer;*repoGal4UASmCDGFP/TM6* X *ywhsflp*;HthRNAi/HthRNAi; MKRS/TM6 foram corados com anticorpo repo e elav e DAPI. A GFP e a *repo* marcam as células gliais e o DAPI cora o núcleo

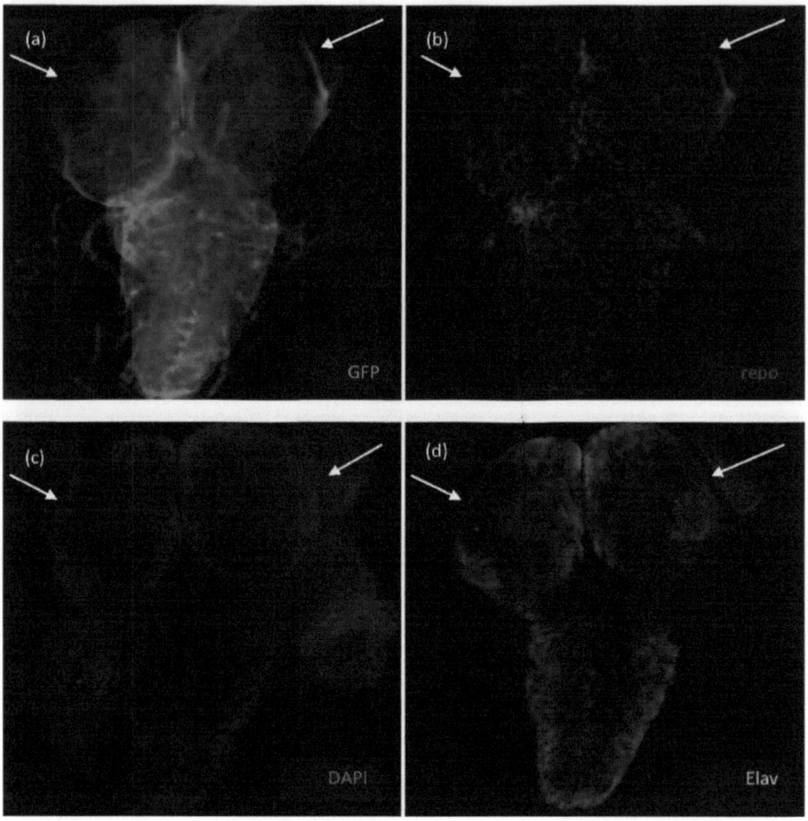

Fig8.3a,b,c,d: Análise imunohistoquímica do Sistema Nervoso Central de w;UASDicer;repoGal4UASmCDGFP/TM6 X UASmycmeis/UASmycmeis; UASHthRNAi/TM6 Larvas de terceiro instar do SNC de *w*;UASdicer;*repoGal4UASmCDGFP/TM6* X UASmycmeis/UASmycmeis; UASHthRNAi/TM6 foram corados com anticorpos repo e elav e DAPI. A GFP e o *repo* marcam as células gliais e o DAPI cora o núcleo. As setas mostram os lóbulos cerebrais distintos e um cordão nervoso ventral, tal como o fenótipo normal do tipo selvagem.

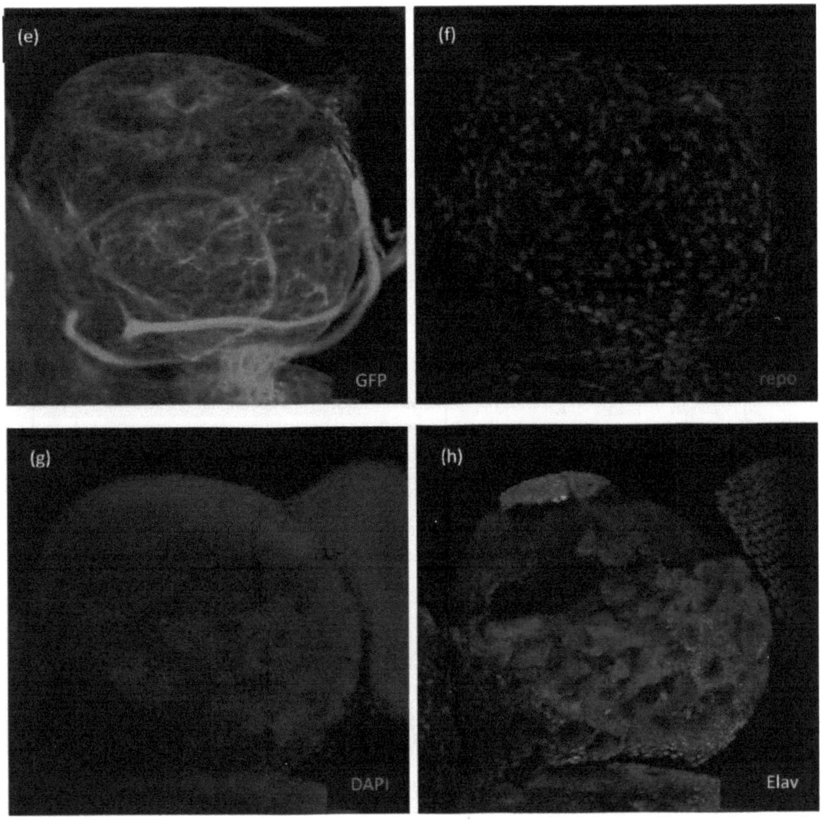

Fig8.3e,f,g,h: ***Análise imunohistoquímica dos lóbulos cerebrais de w;UASDicer;repoGal4UASmCDGFP/TM6X UASmycmeis/UASmycmeis; UASHthRNAi/TM6*** Os lóbulos cerebrais de larvas de terceiro instar de moscas *w;*UASdicer;*repoGal4UASmCDGFP/TM6* X UASmycmeis/UASmycmeis; UASHthRNAi/TM6 foram corados com anticorpo repo e elav e DAPI. A GFP e a *repo* marcam as células gliais e o DAPI cora o núcleo.

AVALIAÇÃO DO FENÓTIPO EMBRIONÁRIO:

Analisámos o desenvolvimento do sistema nervoso central nos embriões após a supressão do *Homothorax* no tipo selvagem (*w;* UAS Dicer; *repo* Gal4 UASmCD8GFP/TM6), bem como no mutante *((yw* hs flp; UAS Hth RNAi/Cyo; MKRS/TM6) X (*w;* UAS Dicer; *repo* Gal4 UASmCD8GFP/TM6). O marcador utilizado para esta experiência é o elav, um marcador neuro-específico que cora particularmente os neurónios.

Obtivemos as imagens confocais de *w;* UAS Dicer; *repoGal4mCD8GFP/TM6*, os embriões de tipo selvagem através da coloração com anticorpos (Primário: Elav de ratinho) (Secundário: Cy3 de ratinho) para verificar o desenvolvimento do sistema nervoso central, como se mostra na figura (9&10a,b,c,d)

Isto mostrou lóbulos cerebrais separados do cordão ventral.

Observámos também as imagens dos embriões mutantes *(yw* hs flp; UAS HthRNAi/Hth RNAi; MKRS/TM6 X *w*; UAS Dicer; *repo* Gal4 UASmCD8GFP/TM6) com coloração de anticorpos (Primário: Elav de ratinho) (Secundário: anti Cy3 de ratinho), como se mostra na figura (9&10e,f,g,h).

Esta experiência conduziu a um fenótipo diferente do sistema nervoso central, ou seja, todas as partes dos lóbulos cerebrais e da medula ventral estão fundidas (Fig:9&10e,f,g,h), ao contrário do normal (Fig:9&10a,b,c,d), tal como observámos no desenvolvimento do sistema nervoso central das larvas.

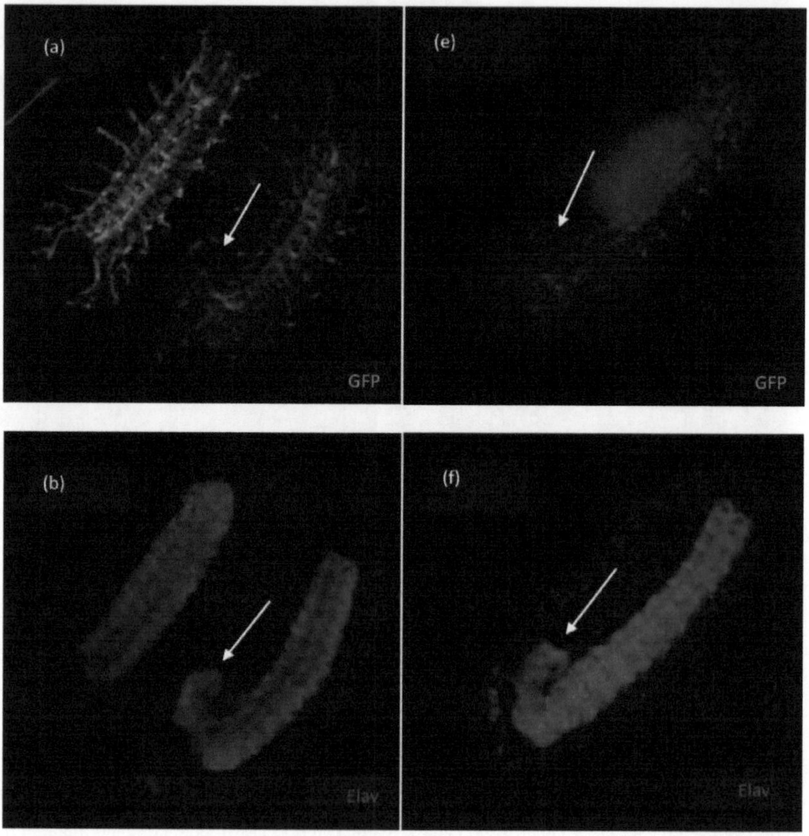

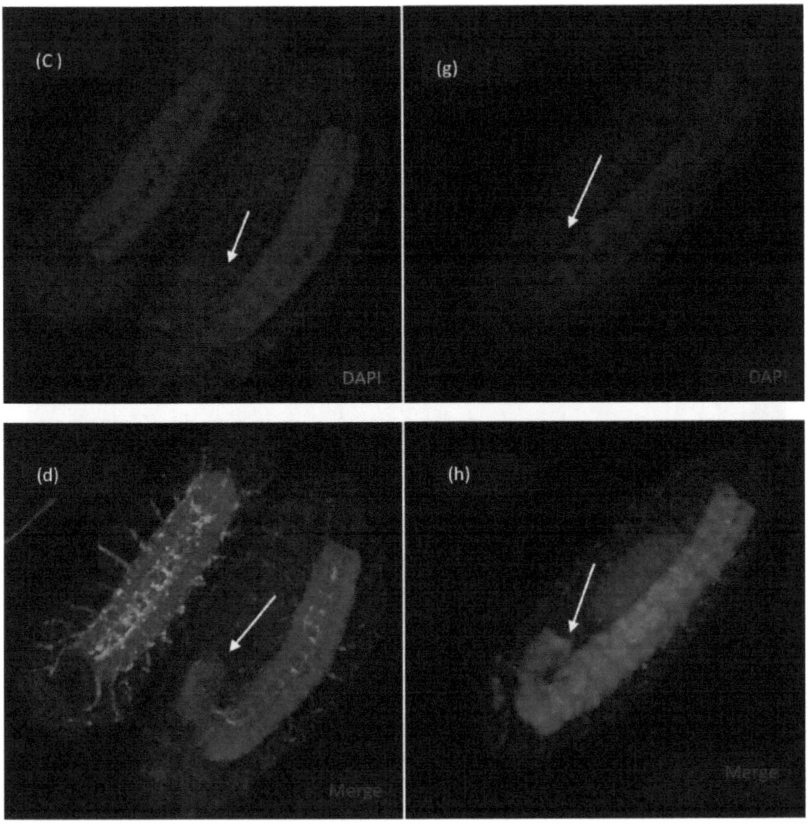

Fig: 9a,b,c,d: Análise imunohistoquímica do Sistema Nervoso Central de embriões ***w;UASDicer;repoGal4UASmCDGFP/TM6*** de
As moscas *w*;UASDicer;*repoGal4UASmCDGFP/TM6* foram coradas com anticorpo elav e DAPI. A GFP marca as células gliais e o DAPI cora o núcleo. As setas indicam o lobo cerebral separado.

Fig: 9e,f,g,h: Análise imunohistoquímica do Sistema Nervoso Central de embriões ***w;UASdicer;repoGal4UASmCDGFP/TM6*** de
w;UASdicer;*repoGal4UASmCDGFP/TM6* X *ywhsflp*;HthRNAi/HthRNAi; As moscas MKRS/TM6 foram coradas com anticorpo elav e DAPI. A GFP marca as células gliais e o DAPI cora o núcleo. As setas mostram os lóbulos cerebrais fundidos.

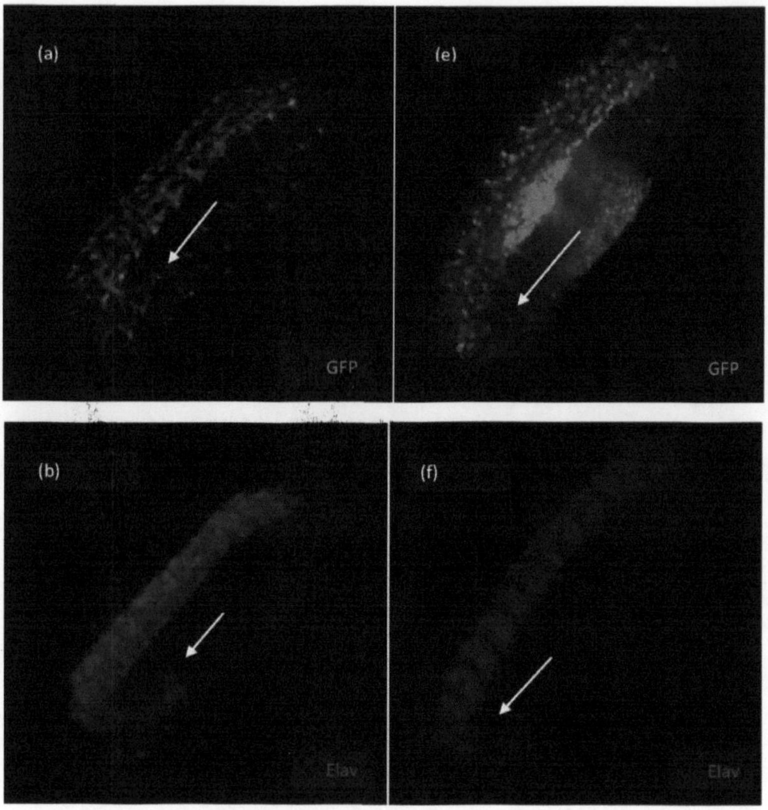
(a)
GFP
(e)
GFP
(b)
Elav
(f)
Elav

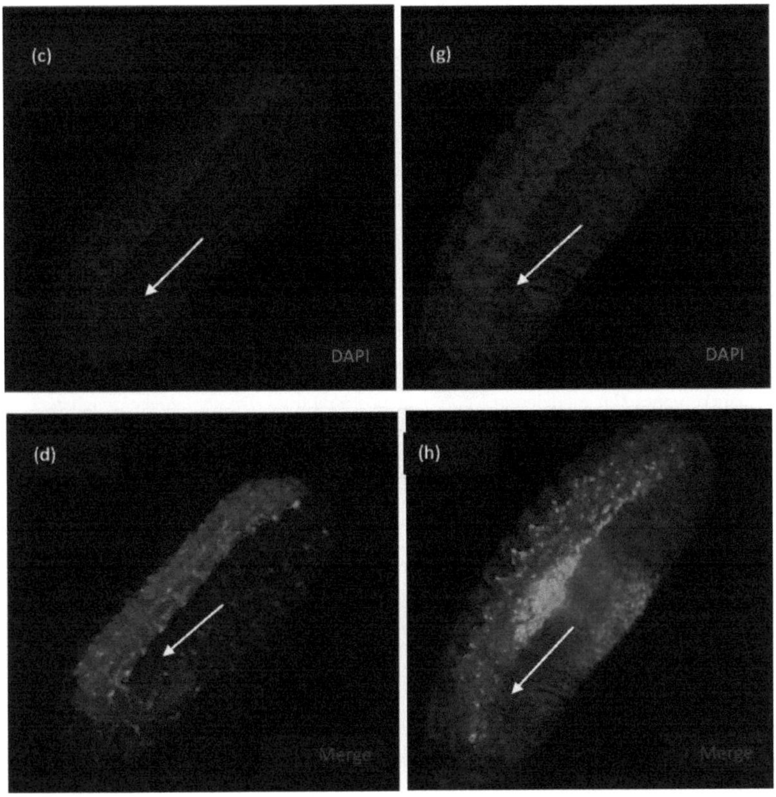

Fig: 10a,b,c,d: Análise imunohistoquímica do Sistema Nervoso Central de embriões ***w;UASDicer;****repoGal4UASmCDGFP/TM6* de

As moscas *w*;UASDicer;*repoGal4UASmCDGFP/TM6* foram coradas com anticorpo elav e DAPI. A GFP marca as células gliais e o DAPI cora o núcleo. As setas mostram os lóbulos cerebrais separados do cordão ventral.

Fig:10e,f,g,h: Análise imunohistoquímica do sistema nervoso central de embriões ***w;UASDicer;****repoGal4UASmCDGFP/TM6* de

w;UASDicer;*r<?poGal4UASmCDGFP/TM6* X *ywhsflp*;HthRNAi/HthRNAi; MKRS/TM6 foram coradas com anticorpo elav e DAPI. A GFP marca as células gliais e o DAPI cora o núcleo. As setas mostram os lóbulos cerebrais fundidos.

7. DISCUSSÃO

A sinalização Hippo, uma via supressora de tumores relativamente nova, desempenha um papel importante na regulação do tamanho dos tecidos e órgãos durante o desenvolvimento. A via Hippo consiste numa cascata de cinase central em que Hpo fosforila a proteína cinase Warts. A Wts activada vai então fosforilar e inativar o coactivador de transcrição Yorkie (Yki). A Wts promove a associação do Yki com as proteínas 14-3-3, o que ajuda a fixar o Yki no citoplasma e a impedir o seu transporte para o núcleo. Yki é o efetor mais a jusante da via e é um coativador transcricional.

Homothorax são proteínas homeobox. Os genes homeobox são uma grande família de genes semelhantes que dirigem a formação de muitas estruturas corporais durante o desenvolvimento embrionário inicial. Eles são necessários para os genes *Hox* modelarem o corpo da mosca da fruta *(Drosophila melanogaster)*.

Foi demonstrado que Yki, em associação com Homothorax (Hth), que é um fator de transcrição de ligação ao ADN, regula a expressão do gene do micro ARN *bantam*. Foi também detectado que o Hth-Yki se liga a uma sequência de ADN que está 14Kb a montante do hairpin do bantam nas células do disco imaginal do olho. No disco ocular, Hth fornece informação espacial a esta via, promovendo a proliferação e sobrevivência celular no domínio progenitor.

Estudos anteriores estabeleceram que Hth, juntamente com Yki, regula o crescimento do tecido epitelial. Trabalhos anteriores do nosso laboratório mostraram que a eliminação específica da glia do *Homothorax* não reduz o número de células gliais. No entanto, no presente trabalho, verificamos que as larvas mutantes apresentam um fenótipo de SNC em forma de cunha com lobos ópticos alargados. Nas larvas de tipo selvagem, o SNC tem dois lobos cerebrais que estão distintamente afastados do cordão nervoso ventral (Fig. 8a). Em contraste com o fenótipo de tipo selvagem, a larva mutante mostrou um SNC em forma de cunha com dois lóbulos cerebrais fundidos com o cordão nervoso ventral (Fig. 8b). Após um exame minucioso, verificámos que o SNC mutante tem lóbulos ópticos alargados que se fundem com a medula nervosa ventral, o que leva ao fenótipo em forma de cunha.

Além disso, também estudámos o efeito de Hth RNAi em embriões. Foram observados fenótipos semelhantes aos das larvas nos embriões mutantes (Fig:9&10e,f,g,h) em comparação com o tipo selvagem (Fig:9&10a,b,c,d).

Para além disso, também notámos que as pupas mutantes Hth RNAi nunca se tornaram adultas.

Além disso, tanto para confirmar a especificidade do RNAi como para excluir os efeitos fora do alvo do RNAi, realizámos experiências de recuperação utilizando o homólogo de mamífero do Homothorax, ou seja, UAS Myc Meis. A expressão específica da glia de UAS Myc Meis salvou completamente o fenótipo Hth RNAi para o normal. Esta experiência permitiu-nos estudar a conservação funcional do Homotórax.

No futuro, seria muito interessante estudar e caraterizar estes fenótipos a nível celular e molecular.

CONCLUSÃO

A partir destes estudos, concluímos que, apesar de observarmos um fenótipo em forma de cunha do sistema nervoso central nas larvas mutantes após a desativação *do Homothorax*, não conseguimos observar quaisquer alterações no número de células gliais.

Além disso, tanto para confirmar a especificidade do RNAi como para excluir os efeitos fora do alvo do RNAi, realizámos experiências de recuperação utilizando o homólogo de mamífero do Homothorax. A expressão de UAS Myc Meis salvou completamente o fenótipo de Hth RNAi para o normal.

Assim, a função Hth/Meis é conservada e, por conseguinte, pode ser utilizada para estudar células de mamíferos.

Seria ainda interessante estudar e caraterizar estes fenótipos tanto a nível celular como molecular.

PANORAMA TECNOLÓGICO E FUTURO PERSPECTIVAS

Foram utilizadas diferentes técnicas nestas experiências. Uma delas é a técnica de imagem, que é uma das técnicas em rápida evolução no ramo científico para modificar diferentes experiências e obter um melhor resultado.

Outra técnica é a fixação. A fixação de tecidos ou amostras desempenha um papel importante para obter boas imagens. Experimentei e padronizei vários protocolos de fixação para embriões *de Drosophila* devido às diferenças na estrutura da parede corporal entre embriões e larvas. É muito importante modificar diferentes protocolos de fixação para diferentes animais.

Após a experimentação de vários protocolos, padronizámos o protocolo que preserva a fluorescência dos tecidos e a coloração de anticorpos em embriões *de Drosophila.*

Além disso, no futuro, esta técnica pode ser melhorada e aplicada a tecidos de organismos superiores cujos órgãos são grandes e complexos, por exemplo, ratos ou seres humanos.

As perspectivas futuras para estes estudos seriam muito interessantes para estudar e caraterizar estes fenótipos tanto a nível celular como molecular. Poderiam ser efectuados mais estudos para estudar células de mamíferos.

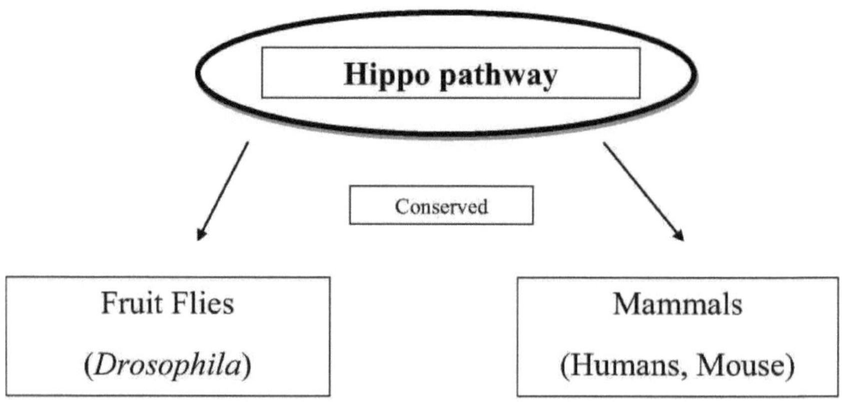

REFERÊNCIAS

1. Harvey, K. F. e I. K. Hariharan (2012). "A via do hipopótamo". Perspectivas de Cold Spring Harbor em biologia 4(8): a011288.

2. Badouel, C., et al. (2009). "A proteína de domínio FERM expandida regula a atividade da via Hippo através de interacções directas com o ativador transcricional Yorkie". Developmental cell **16**(3): 411 -4

3. Goulev, Y., et al. (2008). "SCALLOPED interage com YORKIE, o efetor nuclear da via supressora de tumor hipopótamo em Drosophila." Current Biology **18**(6): 435-441.

4. Hamaratoglu, F., et al. (2006). "Os genes supressores de tumores NF2/Merlin e Expanded actuam através da sinalização Hippo para regular a proliferação celular e a apoptose". Nature cell biology **8**(1): 27-36.

5. Huang, J., et al. (2005). "A via de sinalização Hippo regula coordenadamente a proliferação celular e a apoptose através da inativação de Yorkie, o homólogo de Drosophila de YAP". Cell **122**(3): 421-4

6. Kurant, E., et al. (1998). "Dorsotonals/homothorax, o homólogo de Drosophila de meis1, interage com extradenticle na padronização do PNS embrionário". Development **125**(6): 1037-1048.

7. Pai, C.-Y., et al. (1998). "A homeoproteína Homothorax ativa a localização nuclear de outra homeoproteína, extradenticle, e suprime o desenvolvimento ocular em Drosophila." Genes & development **12**(3): 435-446.

8. Peng, H. W., et al. (2009). "Escolha do fator de transcrição na via de sinalização Hippo: regulação homotórax e yorkie do microRNA bantam no domínio progenitor do disco imaginai do olho de Drosophila". Genes & development **23**(19): 23072319.

9. Rabenhorst, A. e K. Hartmann "Hallmarks of cancer" (Características do cancro)

10. Rieckhof, G. E., et al. (1997). "A translocação nuclear da extradentrículo requer homotórax, que codifica uma proteína de homeodomínio relacionada à extradentrículo". Cell **91**(2): 171-183.

11. Thompson, B. J. e S. M. Cohen (2006). "A via Hippo regula o microRNA bantam para controlar a proliferação celular e a apoptose em Drosophila". Cell **126**(4): 767774.

12. Zhao, B., et al. (2011). "A via Hippo no controlo do tamanho dos órgãos, regeneração de tecidos e auto-renovação de células estaminais". Nature cell biology **13**(8): 877-883.

13. Zhao, B., et al. (2011). "A via Hippo no controlo do tamanho dos órgãos, regeneração de tecidos e auto-renovação de células estaminais". Nature cell biology **13**(8): 877-883.

14. Bessa, J., et al. (2002). "Controlo combinatório do desenvolvimento do olho de Drosophila por eyeless, homothorax e teashirt". Genes & development **16**(18): 2415-2427.

15. Ryoo, H. D., et al. (1999). "Regulação dos genes alvo Hox por um complexo Homothorax/Hox/Extradenticle ligado ao ADN". Desenvolvimento **126**(22): 5137-5148.

16. Bishop, J. M. (1987). "A genética molecular do cancro". Science 235(4786): 305-311

17. Hansen, M. F. e W. K. Cavenee (1987). "Genetics of cancer predisposition" (Genética da predisposição para o cancro). Investigação sobre o cancro 47(21): 5518-5527.

18. Hanahan, D. e R. A. Weinberg (2000). "The hallmarks of cancer". Cell 100(1): 57-70.

19. Liotta, L. A., et al. (1991). "Metástase do cancro e angiogénese: um desequilíbrio da regulação positiva e negativa". Cell 64(2): 327-336.

20. Oh, H. e K. D. Irvine (2010). "Yorkie: o destino final da sinalização Hippo". Tendências em biologia celular 20 (7): 410-417.

21. Oh, H. e K. D. Irvine (2011). "Regulação cooperativa do crescimento por Yorkie e Mad através de bantam". Célula de desenvolvimento 20(1): 109-122.

22. Reddy, B. e K. D. Irvine (2011). "Regulação da proliferação de células gliais de Drosophila pela sinalização Merlin-Hippo". Desenvolvimento 138(23): 5201-5212.

23. Staley, B. K. e K. D. Irvine (2012). "Sinalização de Hippo em Drosophila: avanços e percepções recentes". Dinâmica do Desenvolvimento 241 (1): 3-15.

24. Salzberg, A., et al. (1994). "Mutações que afetam o padrão do PNS em Drosophila revelam novos aspectos do desenvolvimento neuronal". Neurónio 13(2): 269-287.

25. Bodmer, R., et al. (1989). "Neurogénese do sistema nervoso periférico em

Embriões de Drosophila: Padrões de replicação do ADN e linhagens celulares". Neurónio 3(1): 21-32.

MIX
Papier aus verantwortungsvollen Quellen
Paper from responsible sources
FSC® C105338

Printed by Books on Demand GmbH, Norderstedt / Germany